Sitzungsberichte
der Akademie der Wissenschaften
der DDR
Mathematik – Naturwissenschaften – Technik

22 N

1980

H.-H. Emons

Neuere Aspekte zur Gewinnung anorganischer Salze

AKADEMIE-VERLAG · BERLIN

Sitzungsberichte
der Akademie der Wissenschaften
der DDR
Mathematik - Naturwissenschaften - Technik

Jahrgang 1980 · Nr. 22/N

H.-H. Emons

Neuere Aspekte zur Gewinnung anorganischer Salze

AKADEMIE-VERLAG · BERLIN
1981

Vortrag von Hans-Heinz Emons,
Ordentliches Mitglied der Akademie
der Wissenschaften der DDR, gehalten
in der Sitzung der Klasse Chemie am 7. 12. 1978

Herausgegeben im Auftrage
des Präsidenten der Akademie
der Wissenschaften der DDR
von Vizepräsident Prof. Dr. Heinrich Scheel

ISSN 0138 3956
Erschienen im Akademie-Verlag, DDR-1080 Berlin, Leipziger Str. 3–4

Lizenznummer: 202 · 100/42/81
Gesamtherstellung: VEB Druckhaus Köthen
Bestellnummer: 7629084 (2010/80/22/N) · LSV 1255
Printed in GDR
DDR 3,50 M

Inhalt

1. Einleitung

Die Produktion anorganischer Salze ist eine der wichtigsten Aufgaben der anorganischen Grundstoffindustrie. Dabei handelt es sich in den meisten Fällen um hochtonnagige Produkte, die entweder direkt in vielen Zweigen der Volkswirtschaft eingesetzt werden (z.B. Mineraldünger) oder als Ausgangsstoffe für eine große Zahl anderer Produkte dienen (z.B. NaCl für die Alkalichloridelektrolyse und Kalkstein für die Baustoffindustrie).

Tab. 1 Produktion ausgewählter anorganischer Produkte in der DDR (1977) [1]

Produkt	Einheit	Menge
Steinsalz	10^3 t	2589,6
Siedesalz	10^3 t	52,6
NaOH	10^3 t	423,5
Na_2CO_3	10^3 t	839,6
Na_2SO_4	10^3 t	137,6
KOH	t	48030
HCl	t	113444
Calciumcarbid (Basis 300 Liter C_2H_2/kg)	10^3 t	1211
Kalidüngemittel	10^3 t K_2O	3229
Stickstoffdüngemittel	10^3 t N	838,5
Phosphatdüngemittel	10^3 t P_2O_5	402,7

Da die DDR nach der Sowjetunion innerhalb des RGW über die bedeutendsten derzeitig bekannten Mineralsalzvorkommen verfügt, erwächst uns daraus die Verpflichtung, die Mineralsalzproduktion zielstrebig zu erweitern, und einen Beitrag zur wissenschaftlichen und technischen Entwicklung der chemisch-technologischen Gewinnungs- und Aufbereitungsverfahren zu leisten. Diese Verpflichtung ist in den Dokumenten des RGW [2, 3] verankert und in den Programmen des VIII. und IX. Parteitages der SED in konkreten Zielstellungen untersetzt [4]. Einleitend soll zunächst ein kurzer Überblick zu ausgewählten Zweigen der Mineralsalzindustrie gegeben werden, wie sie auch für die DDR typisch sind. Ein wichtiger Zweig der Mineralsalzindustrie ist mit der Gewinnung und Verarbeitung der Kalirohsalze entsprechend Abbildung 1 gegeben. Dabei wurden bis zum heutigen Zeitpunkt vorwiegend Sylvinite und Hartsalze verarbeitet, während die Carnallitite kaum oder nur in Mischrohsalzen Berücksichtigung fanden. Die Bereitstellung des zu verarbeitenden Rohstoffes erfolgt zum größten Teil über bergmännische Gewinnung. In jüngster Zeit gewinnen international aber auch die solende Gewinnung und die solare Eindunstung von Meerwasser für die Rohstoffbereitstellung immer mehr an Bedeutung [5, 6].

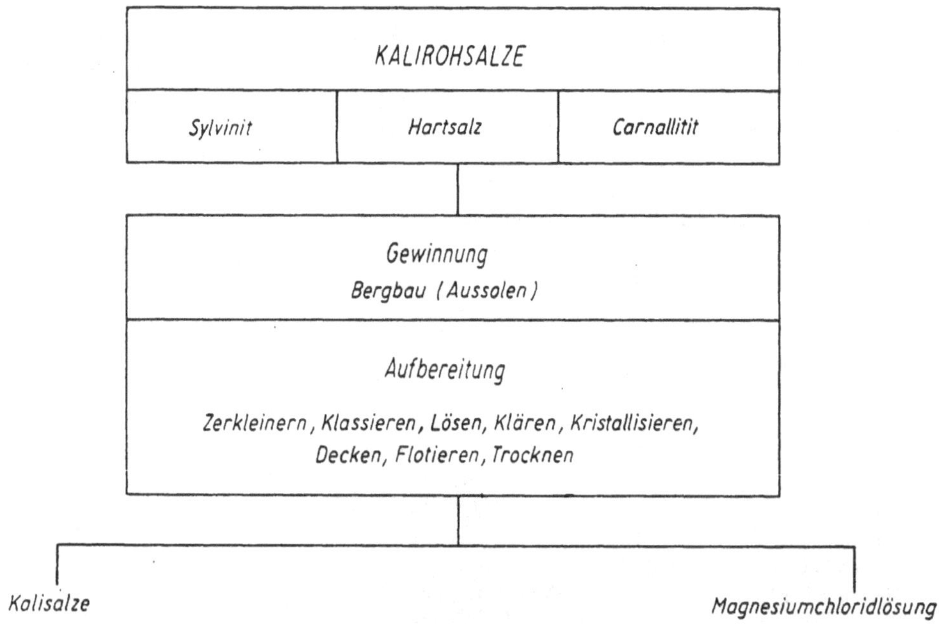

Abb. 1 Übersicht zur Gewinnung und Verarbeitung der Kalirohsalze

Die Aufbereitung des Rohsalzes bzw. der durch Solung gewonnenen Lösung erfolgt entweder nach dem Heißlöseverfahren, durch Flotation, oder im Fall einer Sollösung nur durch Kristallisation und führt primär zu Kalisalzen, einem Rückstand und einer Magnesiumchloridlösung. Die Kalisalze, die vorzugsweise als Kaliumchlorid anfallen, werden, entsprechend Abbildung 2 entweder direkt als Düngemittel eingesetzt, oder es werden aus ihnen in nachfolgenden Prozessen alle anderen Kaliumverbindungen wie KOH, K_2CO_3, KNO_3 usw. hergestellt. Die Bestrebungen, den relativ kleinen Anteil chloridfreier Kalidüngemittel zu erhöhen, halten nach wie vor an.

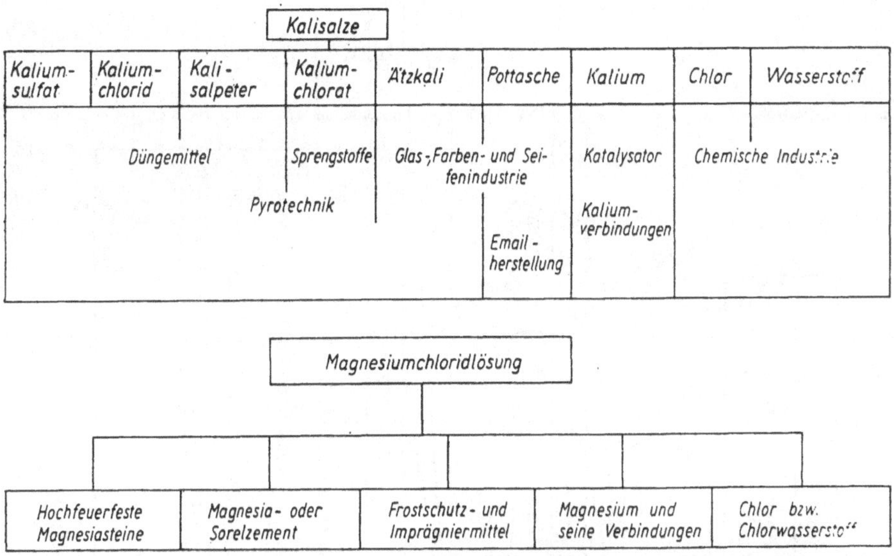

Abb. 2 Übersicht zur Verwendung von Kalisalzen und Magnesiumchloridlösungen

Die bei der Kalirohsalzverarbeitung anfallenden Magnesiumchloridlösungen sind auf der einen Seite ein wichtiges Nebenprodukt, können aber auf der anderen Seite wegen ihrer Menge, die nicht vollständig einer Verarbeitung zugeführt werden kann, eine erhebliche Umweltbelastung darstellen. Die Magnesiumchloridlösungen werden zum Teil zunächst entbromt und sind dadurch neben dem Meerwasser die wichtigste Basis für die Bromproduktion. Ein Teil der Magnesiumchloridlösungen wird zu MgO, Salzsäure bzw. HCl, Magnesiummetall und Chlor aufgearbeitet. In Ländern mit einem hohen Carnallitanteil im Rohsalz übersteigen die anfallenden Mengen bei weitem die Verarbeitungsmöglichkeiten. Hier ist die Versenkung in stillgelegte Grubenbaue die zur Zeit günstigste Variante für eine wenig umweltbelastende Beseitigung.

Natriumchlorid ist ein typischer Massenrohstoff der chemischen Industrie. Hier erfolgt die Gewinnung bereits in breitem Umfang durch Solung besonders dann, wenn sich die Verarbeitungskapazitäten in der Nähe der Lagerstätte befinden. Daneben gewinnt die Produktion durch solare Eindunstung von Gewässern von Jahr zu Jahr an Bedeutung. Das Steinsalz wird entweder direkt in vielen Zweigen der Volkswirtschaft als Speisesalz, Auftausalz usw. eingesetzt. Hauptverbraucher sind jedoch die wäßrige Alkalichloridelektrolyse und die Sodaproduktion. Geringe Mengen werden für die Herstellung von Natriumsulfat und für die Schmelzflußelektrolyse benötigt. Auf den Primärprodukten dieser Steinsalzverbraucher basiert ein großer Teil der chemischen Industrie. Ich möchte in diesem Zusammenhang nur auf die organischen Chlorverbindun-

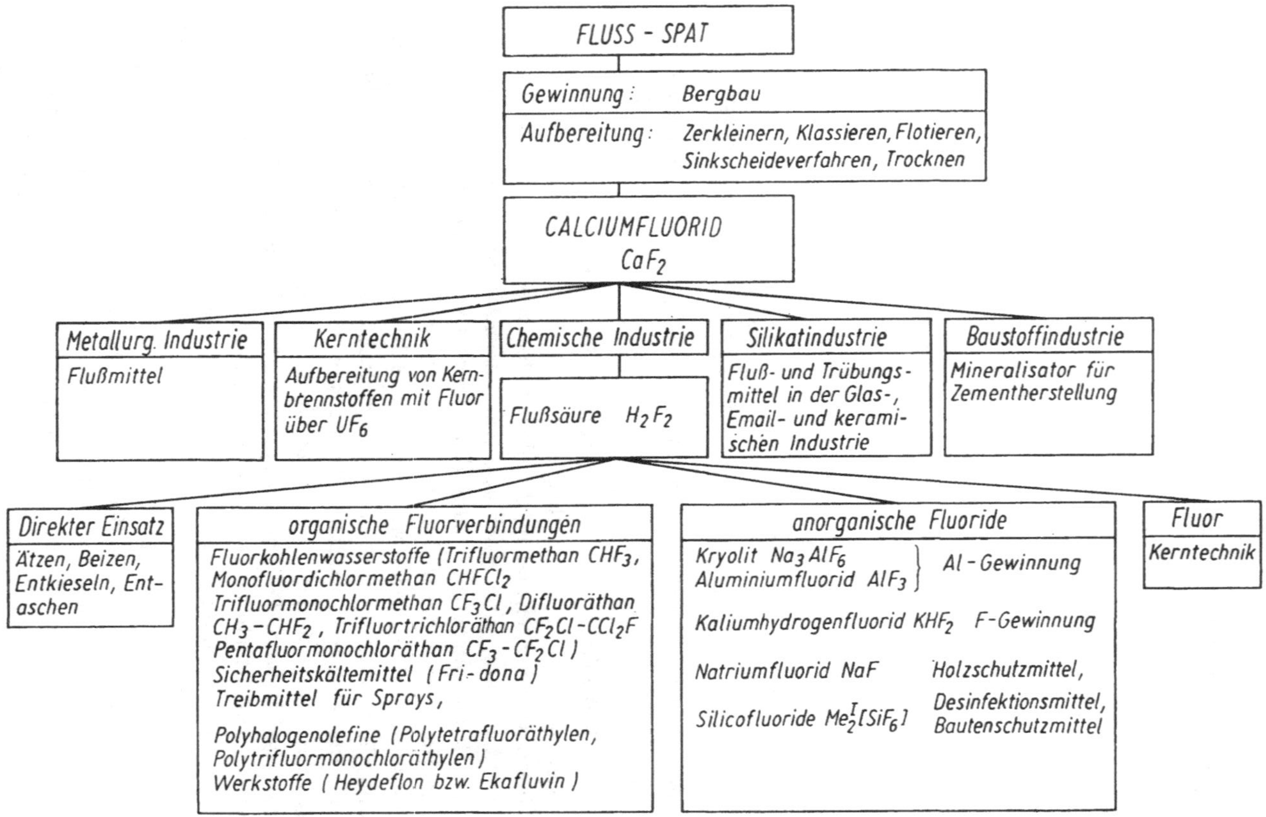

Abb. 3 Übersicht zur Gewinnung, Aufbereitung und Anwendung von Flußspat

gen, Hochpolymeren, auf die Glas- und Papierindustrie sowie die Aluminiumgewinnung hinweisen.

Über das Natriumchlorid wird zu einem späteren Zeitpunkt ausführlich berichtet werden.

Von der Produktion her zwar weniger umfangreich als die Herstellung von Steinsalz und Kalisalzen, aber von der Bedeutung nicht geringer einzuschätzen, ist die Gewinnung von Flußspat. Entsprechend Abbildung 3 findet das aus dem Flußspat durch Aufbereitung abgetrennte CaF_2 seine Hauptanwendung in der Metallurgie als Flußmittel, in der chemischen Industrie zur Herstellung von Flußsäure und in der keramischen Industrie als Keramikspat. Da insbesondere die Aluminiumproduktion sich sehr stark entwickelt, ist der Flußspatbedarf in den letzten Jahren ständig gestiegen. Es ist zu erwarten, daß in den nächsten Jahren zur Bedarfsdeckung die Fluorgehalte der Rohphosphate noch verstärkter genutzt werden.

Nach diesem kurzen Überblick über ausgewählte Zweige der Mineralsalzindustrie sollen einige Probleme behandelt werden, die Entwicklungsrichtungen in der Mineralsalzindustrie charakterisieren und an deren Lösung wir in den letzten Jahren auch mitgearbeitet haben bzw. derzeit arbeiten.

2. Zum heterogenen System der ozeanischen Salze

Grundlegende Voraussetzung zum Verständnis und zur optimalen Führung der verschiedenen Verarbeitungsprozesse von Mineralsalzen sind Kenntnisse über die entsprechenden Lösungsgleichgewichte und zur Kinetik der Phasenübergänge. Es ist daher das Anliegen vieler Arbeiten, neben der Beantwortung technologischer Fragestellungen einen Beitrag zur Erweiterung dieses Wissensgebietes zu leisten. Wir versuchen damit eine Entwicklung fortzusetzen, an derem Anfang Jacobus Hendricus van't Hoff stand, dessen 125. Geburtstag wir 1977 begehen konnten.

Die Bedeutung van't Hoffs für die Mineralsalzindustrie begann schon in Amsterdam mit interessanten Vorarbeiten zu Problemen der Staßfurter Salzablagerungen und speziell zur Doppelsalzbildung [7, 8]. Die Resultate, die in der Folgezeit während seiner Tätigkeit an der Preußischen Akademie der Wissenschaften zu Berlin erarbeitet wurden, sind in über 50 Abhandlungen in den Sitzungsberichten der Akademie der Wissenschaften 1896–1908 niedergelegt [9]. Er betrachtete die Untersuchungen über die Bildung der ozeanischen Salzablagerungen damit nicht als abgeschlossen, sondern gab dem 1905 gegründeten Verband zur Erforschung der deutschen Kalisalzlagerstätten Empfehlungen für die weiteren Arbeiten, die mit den Namen d'Ans, Serowy, Autenrieth u.a. eng verbunden sind. Eine analoge Schule gründet sich in der Sowjetunion um Kurnakov, dessen Namen das Institut für Allgemeine und Anorganische Chemie der Akademie der Wissenschaften der UdSSR trägt. Mit diesem Institut verbinden uns heute gemeinsame Forschungsarbeiten.

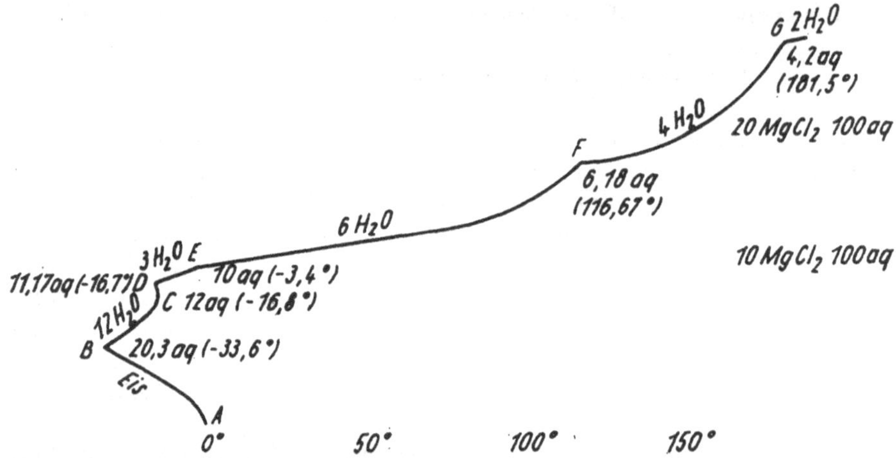

Abb. 4 Zustandsdiagramm des binären Systems $MgCl_2-H_2O$ nach VAN'T HOFF und MEYERHOFFER [10]

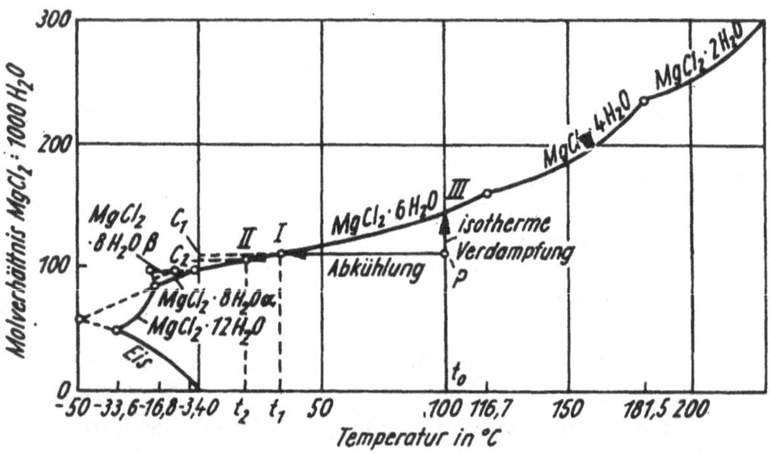

Abb. 5 Zustandsdiagramm des binären Systems $MgCl_2-H_2O$ [11]

Abbildung 4 enthält das Zustandsdiagramm des Systems $MgCl_2-H_2O$, wie es von VAN'T HOFF und MEYERHOFFER [10] veröffentlicht wurde, in dem die Hydrate des $MgCl_2$ von 12 bis 2 mit ihren Umwandlungspunkten angegeben sind. Vergleichen wir dieses Diagramm mit unseren heutigen Kenntnissen zu diesem System [11], die in der Abbildung 5 dargestellt sind, so ist eine nahezu völlige Übereinstimmung festzustellen, was von der großen Sorgfalt der experimentellen Arbeit VAN'T HOFFS zeugt, durchgeführt mit wesentlich einfacheren technischen Mitteln als wir sie heute zur Verfügung haben.

Wenn wir von heterogenen Gleichgewichten im Zusammenhang mit der Kalirohsalzverarbeitung sprechen, wird an erster Stelle das sogenannte quinäre System der ozeanischen Salze Na^+, K^+, Mg^{2+}/Cl^-, $SO_4^{2-}//_2O$ genannt.

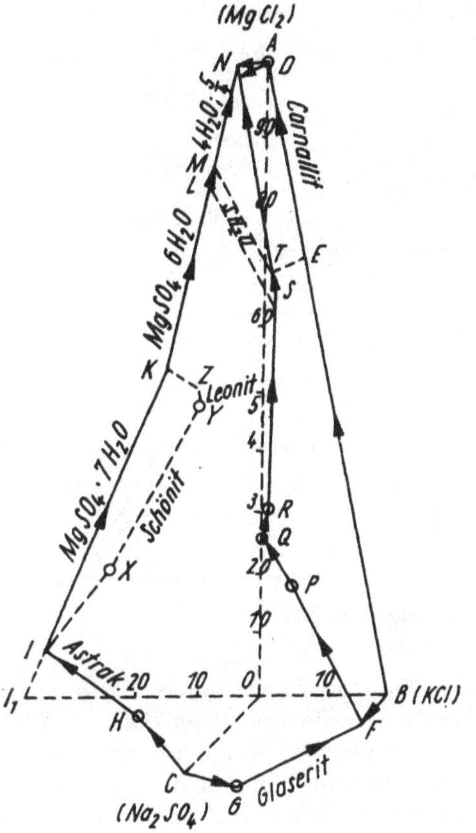

Abb. 6 25 °C-Isotherme des quinären Systems der ozeanischen Salze K^+, Na^+, Mg^{2+}/Cl^-, $SO_4^{2-}//H_2O$ [12]

Abbildung 6 enthält die 25 °C-Isotherme dieses Systems, wie sie von van't Hoff [12] erarbeitet wurde. Selbst bei einem solch komplizierten System, müssen wir bereits eine hohe Übereinstimmung mit unseren heutigen Kenntnissen feststellen.

Van't Hoff versuchte nun, mit diesem stabilen Löslichkeitsdiagramm des quinären Systems die Entstehung der Mineralsalzlagerstätten zu erklären. Dabei fand er eine Kristallisationsbahn, die für einige spezielle Meerwasserzusammensetzungen auch heute noch ihre Gültigkeit hat.

Gehen wir vom stabilen Gleichgewichtsdiagramm des quinären Systems bei 25 °C in der Darstellung nach Jänicke aus [5], das in Abbildung 7 dargestellt

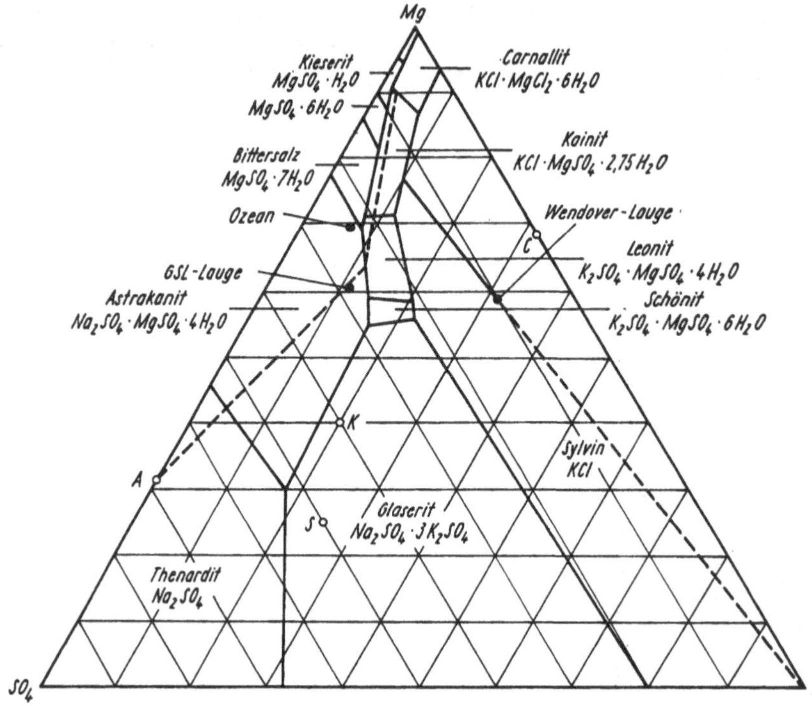

Abb. 7 JÄNECKE-Diagramm des quinären Systems bei 25 °C [5]

ist, so können wir zunächst feststellen, daß sowohl die mittlere Zusammensetzung des Meerwassers als auch beispielsweise die des Großen Salzsees (USA) jeweils einem Punkt im Astrakanit-Feld entsprechen. Es müßten also nach der Abscheidung von Calciumcarbonat und Calciumsulfat bei der Eindunstung zunächst Steinsalz und Astrakanit auskristallisieren. Die Zusammensetzung der Lösung würde dabei der Verlängerung „darstellender Punkt des Astrakanits – Lösungszusammensetzung" folgen. Für die Lösung des Großen Salzsees ist das im Diagramm dargestellt. Nach dem Astrakanit müßten Leonit, Kainit usw. neben Steinsalz auskristallisieren. Diese Kristallisationsfolge stimmt aber mit den praktischen Erfahrungen nicht überein. Insbesondere von VALJAŠKO [13] wurde darauf hingewiesen, daß die Meerwassereindunstung nach einem metastabilen Gleichgewichtsdiagramm erfolgt, für das der Begriff Sonnendiagramm eingeführt worden ist. Das Sonnendiagramm unterscheidet sich vom stabilen Gleichgewichtsdiagramm hauptsächlich durch das Fehlen der meisten Doppelsalze.

Abbildung 8 enthält als Beispiel die $MgCl_2$-reiche Ecke des Sonnendiagramms für 25 °C. Die durchschnittliche Meerwasserzusammensetzung liegt in diesem Diagramm im Bittersalzfeld. Die theoretische Kristallisationsfolge lautet:

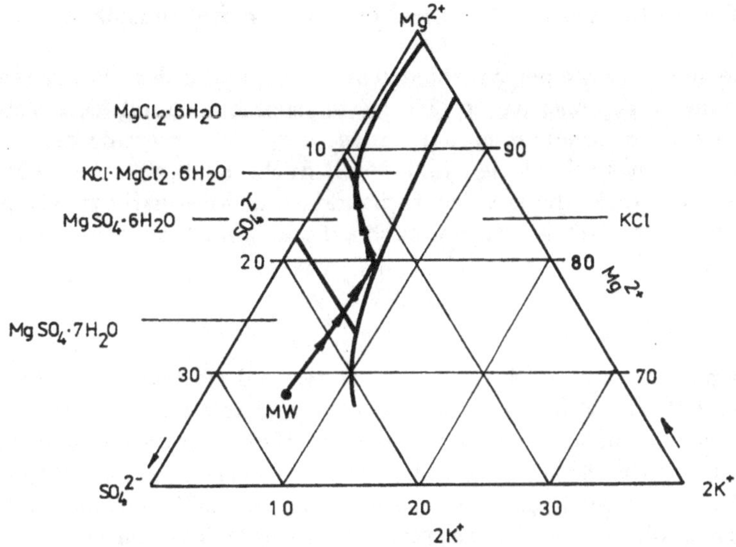

Abb. 8 $MgCl_2$-reiches Gebiet des Sonnendiagramms für 25°C

$NaCl-MgSO_4 \cdot 7\,H_2O$; $NaCl-MgSO_4 \cdot 6\,H_2O$; $NaCl-MgSO_4 \cdot 6\,H_2O-KCl$; $NaCl-MgSO_4 \cdot 6\,H_2O-KCl \cdot MgCl_2 \cdot 6\,H_2O$; $NaCl-MgSO_4 \cdot 6\,H_2O-KCl \cdot MgCl_2 \cdot 6\,H_2O-MgCl_2 \cdot 6\,H_2O$. Werden primär abgeschiedene Salzschichten nicht durch Ton abgedeckt, bzw. sind die ausgeschiedenen Salze nicht hinreichend sedimentiert, so werden $MgSO_4 \cdot 7\,H_2O$ in $MgSO_4 \cdot 6\,H_2O$ und KCl in $KCl \cdot MgCl_2 \cdot 6\,H_2O$ umgewandelt, da es sich bei der Zweisalzparagenese $MgSO_4 \cdot 7\,H_2O-MgSO_4 \cdot 6\,H_2O$ um eine Übergangslinie und bei dem Viersalzpunkt $NaCl-KCl-MgSO_4 \cdot 6\,H_2O-KCl \cdot MgCl_2 \cdot 6\,H_2O$ um einen inkongruent gesättigten Viersalzpunkt handelt.

Diese theoretische Kristallisationsfolge stimmt mit den in der Praxis gefundenen Werten gut überein. Damit sind auch die Voraussetzungen für die theoretischen Vorausberechnung von Eindunstungsvorgängen bei beliebiger Lösungszusammensetzung gegeben.

Diese heterogenen Systeme stellen gleichzeitig die Grundlage für die Verarbeitungsprozesse dar, wobei selbstverständlich die notwendigen Schritte bekannt sein müssen. Das bisher Dargestellte ist folglich nur ein sehr kleiner Ausschnitt. Weder die Vier-, Fünf- noch die Sechsstoffsysteme sind umfassend bekannt, so daß bei neuen Fragestellungen, z. B. durch neue Rohsalzvorkommen, beträchtliche theoretische und experimentelle Arbeiten notwendig sind.

3. Einige Probleme zur Verarbeitungstechnologie von Kalirohsalzen

Dem allgemeinen Trend, einer zunehmenden Verringerung der erkundeten Rohstoffvorkommen, die außerdem in den meisten Fällen noch mit einer Verschlechterung der Vorratsqualität verbunden ist, durch Verbesserung der bestehenden Verarbeitungstechnologien und durch Suche nach Verarbeitungstechnologien für Rohstoffe, die mit den vorhandenen nicht effektiv zu verarbeiten sind, zu begegnen, müssen wir uns auch auf dem Gebiet der Mineralsalzverarbeitung anschließen.

3.1. Nutzen einer Tiefkühlung

Der zunehmende Carnallitgehalt in den Sylviniten und Hartsalzen mancher Kalireviere hat z.B. zur Folge, daß zur Aufrechterhaltung eines konstanten $MgCl_2$-Spiegels in den umlaufenden Lösungen des Heißlöseprozesses laufend größere Mengen Mutterlösung abgestoßen werden müssen. Diese Mutterlösungen beinhalten bei der jetzigen Kühltemperatur von 25 °C noch beträchtliche KCl-Mengen, die damit verlorengehen. Außerdem sinkt durch höhere $MgCl_2$-Gehalte in den umlaufenden Lösungen die Aufnahmekapazität der Lösungen für KCl. Bezogen auf die Tonne hergestelltes KCl müssen damit größere Lösungsmengen umgepumpt werden, was energetische Nachteile bedingt.

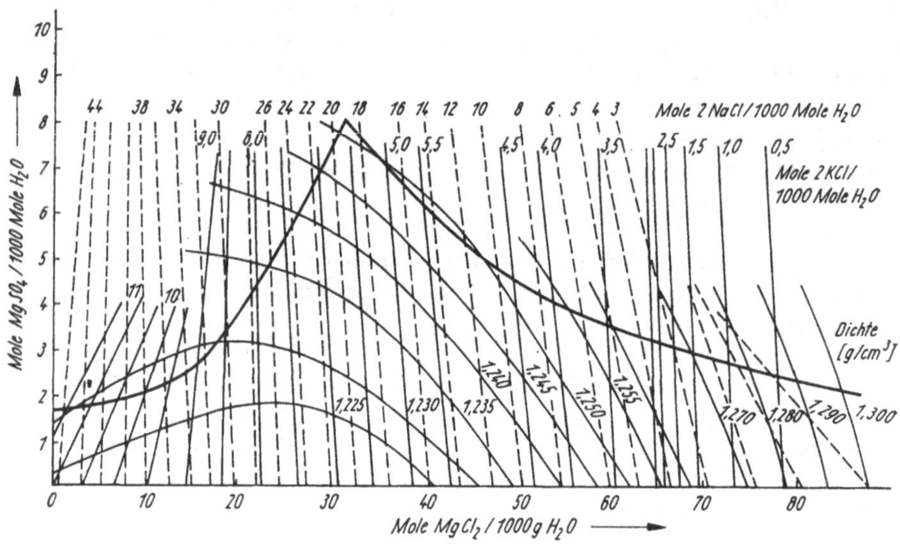

Abb. 9 NaCl—KCl-Sättigungsfläche des Systems K^+, Na^+, Mg^{2+}/Cl^-, $SO_4^{2+}//H_2O$ bei −10 °C

Ein Ausweg wäre, die Arbeitsbreite des Heißlöseverfahrens in Richtung tieferer Temperaturen zu erweitern. Voraussetzung zur Beantwortung der Frage nach der Leistungsfähigkeit einer solchen Variante ist die Kenntnis des quinären Systems im Temperaturbereich von 25 °C bis −10 °C.

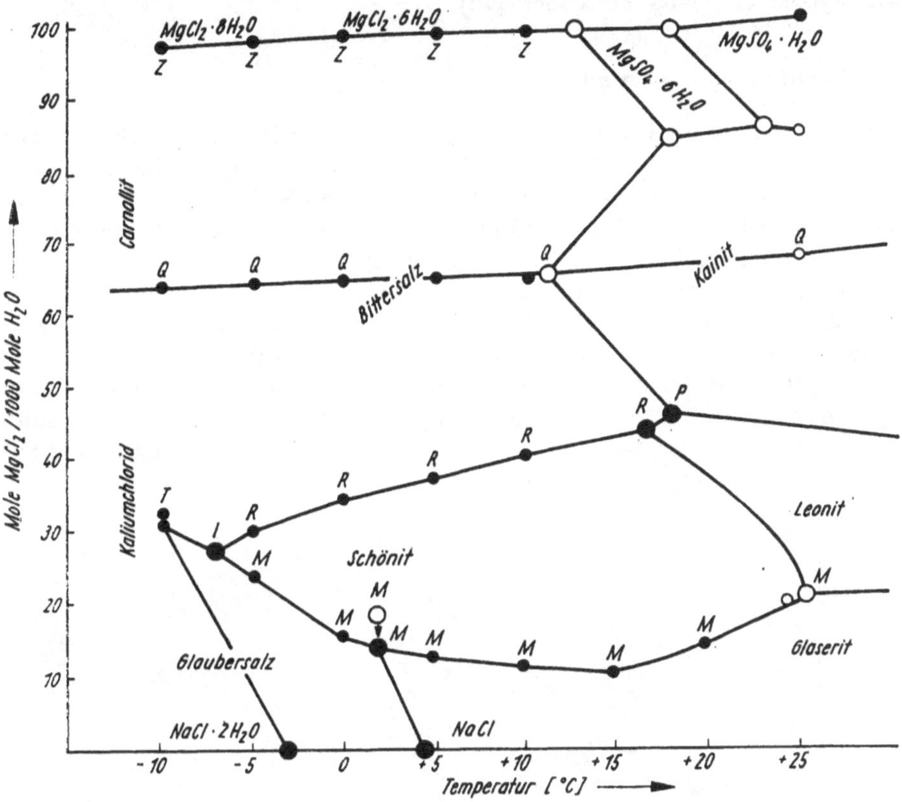

Abb. 10 Polytherme des quinären Systems K^+, Na^+, Mg^{2+}/Cl^-, $SO_4^{2-}//H_2O$ im Temperaturbereich zwischen −10 und 25 °C

Als Beispiel enthält Abbildung 9 die −10 °C-Isotherme in der heute für technologische Variantenvergleiche gebräuchlichen Darstellungsweise der Projektion der KCl—NaCl-Sättigungsfläche des Raumdiagramms auf die $MgSO_4$—$MgCl_2$-Ebene [14]. Die NaCl- und KCl-Gehalte und die Dichten der Gleichgewichtslösungen werden als Niveaulinien eingezeichnet. Mit derartigen Diagrammen ist die lückenlose Durchrechnung von Tiefkühlprozessen für Fabriklösungen möglich. Inzwischen hat sich herausgestellt, daß eine solche Tiefkühlung selbst für Abstoßlösungen eines Flotationsbetriebes effektiv ist. Mit der Untersuchung des quinären Systems im angegebenen Temperaturbereich konnte auch ein Beitrag zur Erweiterung der bekannten polythermen Darstellung des quinären Systems geleistet werden. Als Beispiel dafür sind in Abbildung 10 die $MgCl_2$-Gehalte der Vier- und Fünfsalzlösungen in Abhängigkeit von der Temperatur dargestellt. Die Fünfsalzparagenese T bei $-9{,}7\,°C$ mit den Salzen KCl, NaCl, $NaCl \cdot 2\,H_2O$, $MgSO_4 \cdot 7\,H_2O$ und $Na_2SO_4 \cdot 10\,H_2O$ wurde dabei erstmalig interpoliert [15].

3.2. Verarbeitung von Carnalliten

Die bekannten Verarbeitungsverfahren für Carnallitite, die ausnahmslos aus den Anfängen der Kaliindustrie resultieren, sind alle durch hohe spezifische Energieaufwendungen, durch den Anfall eines sehr feinkörnigen Zersetzungs-KCl und durch den Anfall großer Mengen für die Versenkung nicht hinreichend konzentrierter $MgCl_2$-Lösungen gekennzeichnet.

Geht man zunächst von der Voraussetzung aus, bei einem neuen Verfahren die Grundideen der klassischen Verfahren, d. h. die Zersetzung bzw. Kristallisation von Carnallit in bzw. aus wäßrigen Lösungen beibehalten zu wollen, so sind umfassende kinetische Untersuchungen notwendig, z. B. zum Einfluß hydrodynamischer Parameter, der Temperatur, der NaCl- und KCl-Gehalte im Carnallit und der NaCl- und $MgCl_2$-Gehalte in der Zersetzungslösung auf die Zersetzungskinetik des Carnallits.

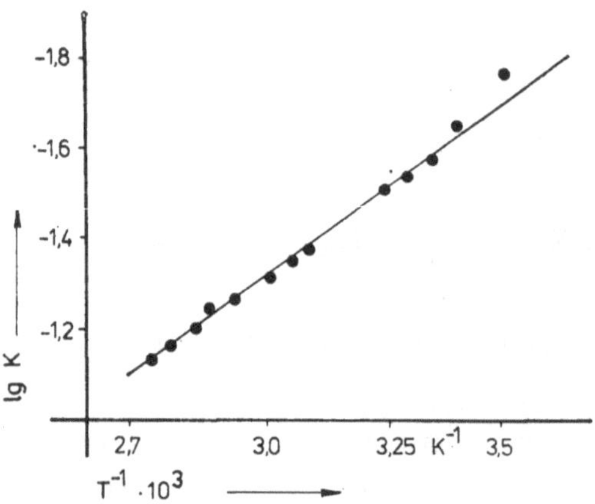

Abb. 11 Logarithmische Darstellung der spezifischen Zersetzungsgeschwindigkeit des Carnallits in Abhängigkeit vom Temperaturquotienten 1/T in gesättigten KCl-Lösungen

Unsere Untersuchungen wurden dabei zunächst an gepreßten Carnallitwürfeln durchgeführt und später auf Körnerkollektive ausgedehnt. In Abbildung 11 ist die Abhängigkeit des Logarithmus der spezifischen Zersetzungsgeschwindigkeit vom Temperaturquotienten $^1/T$ dargestellt. Die Daten ergeben

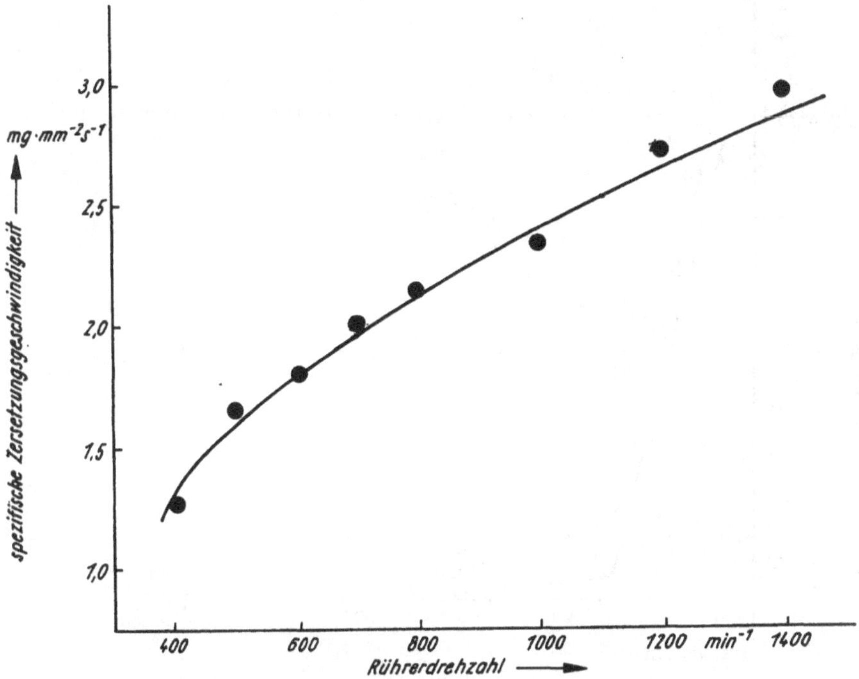

Abb. 12 Abhängigkeit der spezifischen Zersetzungsgeschwindigkeit des Carnallits von der Rührintensität

mit einem Fehler von etwa 2% eine lineare Abhängigkeit. Aus dem Anstieg der Geraden konnte eine scheinbare Aktivierungsenergie für die Zersetzung von 14,32 kJ · mol^{-1} abgeschätzt werden. Daraus ist anzunehmen, daß die Zersetzungsgeschwindigkeit in entscheidendem Maße durch die Diffusion bestimmt wird. Diese Feststellung wird durch die in Abbildung 12 dargestellten Resultate unterstützt, in der die Abhängigkeit der spezifischen Zersetzungsgeschwindigkeit von der Rührerdrehzahl dargestellt ist. Wir erhalten den typischen Verlauf für einen diffusionskontrollierten Stoffübergangsprozeß. Bei der kritischen Rührerdrehzahl ist die Diffusionsschicht soweit abgebaut, daß die Reaktion an der Phasengrenzfläche geschwindigkeitsbestimmend wird.

Da natürliche Carnallitite immer Beimengungen an KCl und NaCl enthalten, ist ihr Einfluß natürlich von besonderem Interesse. Wir fanden dabei Verhältnisse, wie sie in Abbildung 13 dargestellt sind. Fremdstoffgehalte setzen die spezifische Zersetzungsgeschwindigkeit sehr stark herab. NaCl- und KCl-Gehalte im Carnallitit wirken dabei in nahezu gleicher Weise.

Bei diffusionskontrollierten Stoffübergangsprozessen sollte die Konzentration in der Phasengrenzschicht gleich der Sättigungskonzentration bzw. in unserem Fall gleich der Gleichgewichtskonzentration an $MgCl_2$ bei der Paragenese

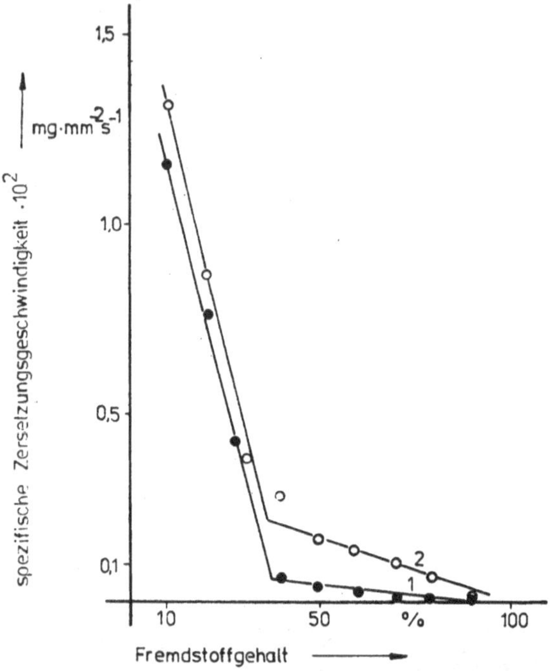

Abb. 13 Abhängigkeit der spezifischen Zersetzungsgeschwindigkeit des Carnallits vom Fremdstoffgehalt im Feststoff

$KCl \cdot MgCl_2 \cdot 6\,H_2O$—KCl des Systems KCl—$MgCl_2$—$H_2O$ sein. Die Abhängigkeit der spezifischen Zersetzungsgeschwindigkeit vom $MgCl_2$-Gehalt in der Lösung müßte dann einen linearen Zusammenhang ergeben, was nach Abbildung 14 auch tatsächlich der Fall ist. Aus dem Anstieg der Geraden kann die Stoffübergangszahl zu $7{,}77 \cdot 10^{-2}\,mm \cdot s^{-1}$ abgeschätzt werden. Mit diesen Unterlagen, die nur beispielhaft dargestellt wurden, ist die Gestaltung und Optimierung von Anlagen zur großtechnischen Carnallitzersetzung möglich. Weitere Untersuchungen sind erforderlich, um z.B. Möglichkeiten zur Steuerung der Korngröße des Zersetzungs-KCl zu finden.

Der Stoffübergang bei der Kristallisation von künstlichem Carnallit wurde unter Einsatz markierter Atome (^{42}K) in einer kontinuierlichen Umlaufapparatur näher betrachtet. Über die Impulsabnahme in der radioaktiv markierten Lösung konnten wir die Carnallitkristallisation meßtechnisch erfassen. Abbildung 15 enthält als erste Ergebnisse die Kristallisationsbahnen in Abhängigkeit von der Abkühlgeschwindigkeit. Bei einer hohen Abkühlgeschwindigkeit wird zunächst eine größere Übersättigung aufgebaut. Die Kristallisationsbahn unterschreitet danach die Sättigungslinie und nähert sich dieser erst wieder am Ende des Kristallisationsprozesses. Bei kleineren Abkühlgeschwindigkeiten ist die aufgebaute Übersättigung niedriger und die Kristallisationsbahn ver-

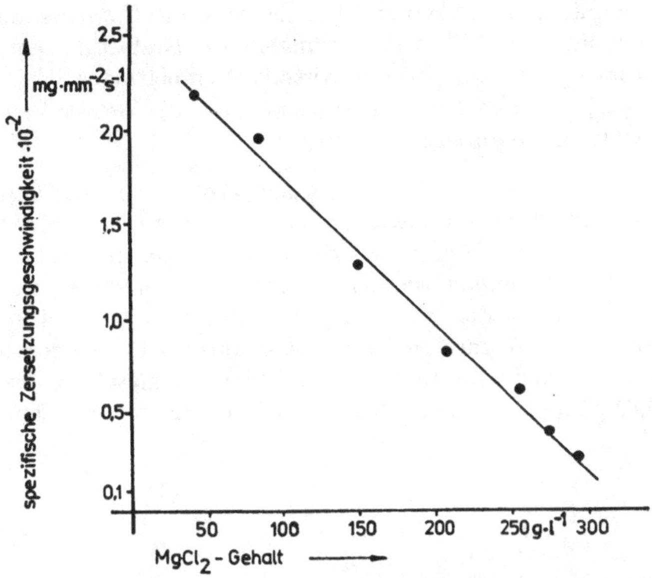

Abb. 14 Abhängigkeit der spezifischen Zersetzungsgeschwindigkeit des Carnallits vom $MgCl_2$-Gehalt der KCl-gesättigten Zersetzungslösung

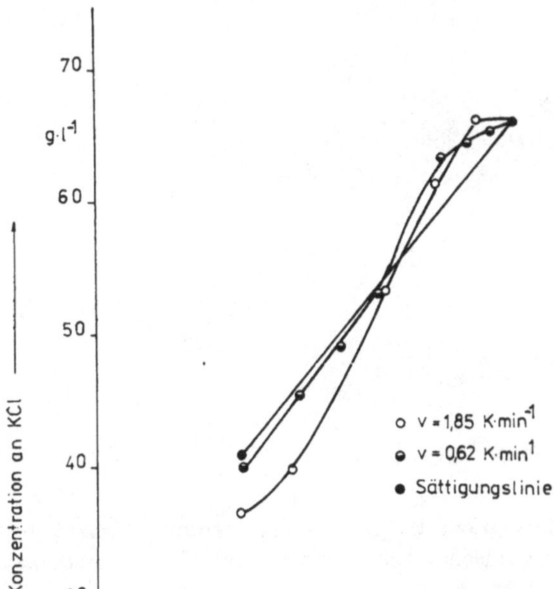

Abb. 15 Verlauf der Kristallisationsbahnen des Carnallits in Abhängigkeit von der Abkühlgeschwindigkeit

läuft nach Erreichen der Sättigungslinie parallel zu dieser. Diese Untersuchungen werden, verbunden mit Induktionszeitmessungen, zur Gestaltung eines technischen Prozesses zur künstlichen Carnallitkristallisation beitragen.

3.3. Anwendung gemischter Lösungsmittel

Serowy beschäftigte sich bereits um 1960 mit dem Einsatz von Lösungsmittelgemischen bei der Carnallitverarbeitung [16, 17]. Mit dem Lösungsmittelgemisch HCl—H_2O ergab sich eine Möglichkeit zur endlösungsfreien Carnallitverarbeitung. In diesem Zusammenhang wurden eine große Anzahl von Systemuntersuchungen durchgeführt, von denen als Beispiel das System $MgCl_2$—HCl—H_2O (Abb. 16) dargestellt sei. Magnesiumchlorid wird durch HCl aus seinen Lösungen, wie auch Natriumchlorid und Kaliumchlorid, ausgesalzen. Das Problem der KCl—$MgCl_2$-Trennung kann über eine solche Verfahrensvariante nicht gelöst werden.

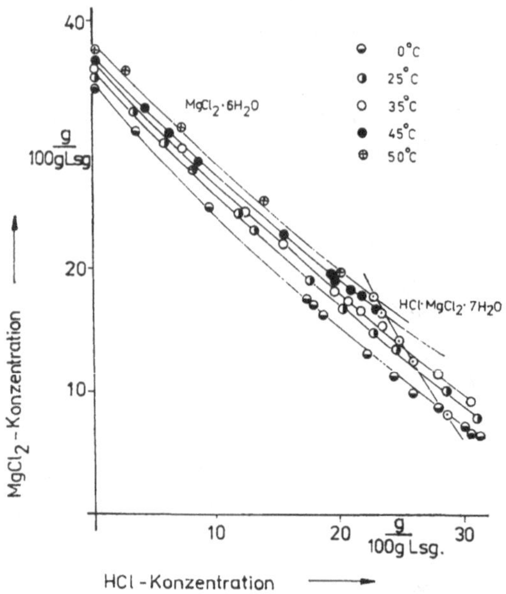

Abb. 16 Isothermen des Systems $MgCl_2$—HCl—H_2O

Eine größere Selektivität bezüglich der KCl-$MgCl_2$-Trennung weisen Gemische aus Wasser und einem organischen Lösungsmittel auf. Wir untersuchten u.a. die Eigenschaften der Lösungsmittelgemische Aceton—Wasser und Methanol—Wasser. Als Beispiel für das System $MgCl_2$—Aceton—Wasser zeigt Abbildung 17 die 35 °C-Isotherme. Dieses System weist in einem breiten Bereich der Lösungsmittelzusammensetzung, etwa von 20% bis nahe 100% Aceton im

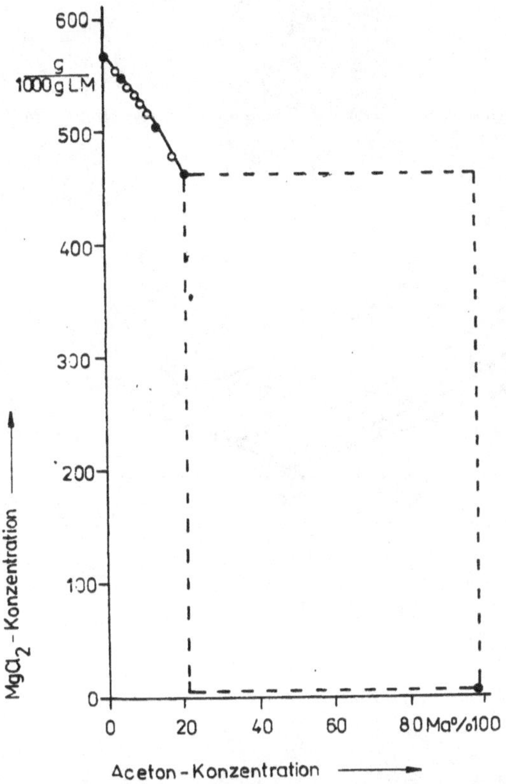

Abb. 17 35 °C-Isotherme des Systems $MgCl_2$—Aceton—H_2O

Lösungsmittelgemisch, eine Mischungslücke auf. Untersucht man den Verlauf der Zweisalzparagenesen KCl—KCl · $MgCl_2$ · 6 H_2O und KCl · $MgCl_2$ · 6 H_2O—$MgCl_2$ · 6 H_2O des Systems KCl—$MgCl_2$—H_2O-Aceton in Abhängigkeit von der Lösungsmittelzusammensetzung, so erhält man ähnliche Darstellungen.

Die KCl-Sättigungsfläche des Systems KCl—$MgCl_2$—H_2O—Aceton wird in Abbildung 18 am Beispiel der 50 °C-Isotherme dargestellt. Auch hier tritt schon bei sehr kleinen $MgCl_2$-Gehalten eine breite Mischungslücke auf.

Im System $MgCl_2$—CH_3OH—H_2O (Abb. 19) nimmt die $MgCl_2$-Konzentration in der Lösung erst bei sehr hohen Methanolgehalten im Lösungsmittel merklich ab. Das ist darauf zurückzuführen, daß das Magnesiumchlorid mit Methanol Solvate bildet, die zum Teil erstmalig gefunden wurden und die eine relativ hohe Löslichkeit besitzen [18, 19].

In Abb. 20 sind die KCl-Löslichkeiten des Systems KCl—$MgCl_2$—CH_3OH—H_2O bei 25 °C und verschiedenen Methanolgehalten im Lösungsmittelgemisch dargestellt [20]. Danach beobachteten wir beispielsweise bei 40% Methanol im Lösungsmittelgemisch noch $MgCl_2$-Löslichkeiten von über 300 g/1000 g

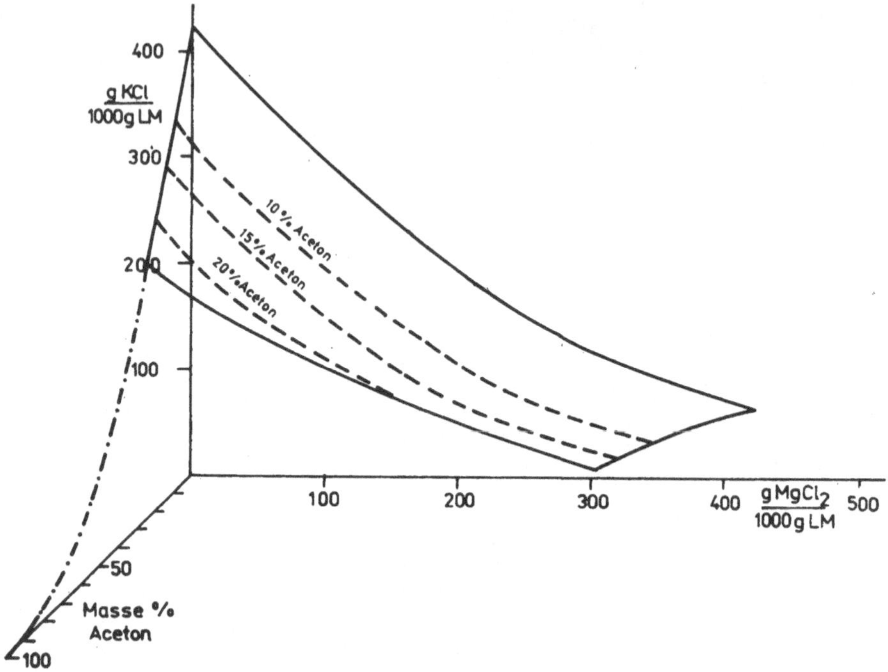

Abb. 18 KCl-Sättigungsfläche des Systems KCl—$MgCl_2$—Aceton—H_2O bei 50°C

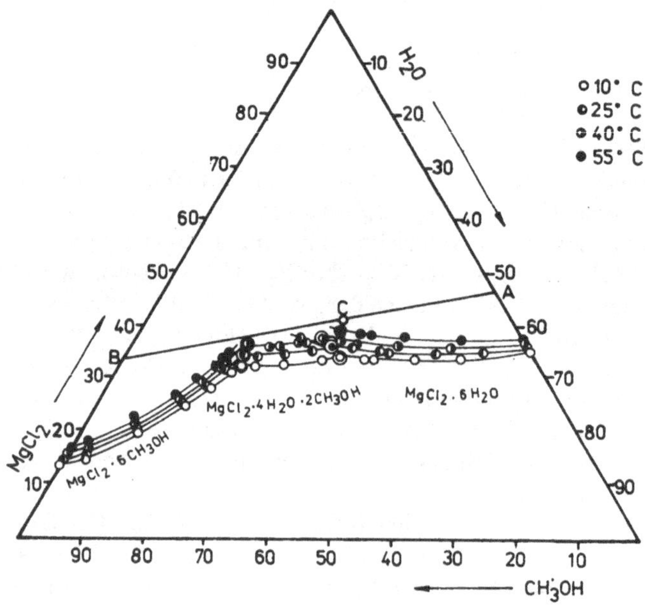

Abb. 19 Löslichkeiten im System $MgCl_2$—CH_3OH—H_2O bei 10°C, 25°C, 40°C und 55°C [18]

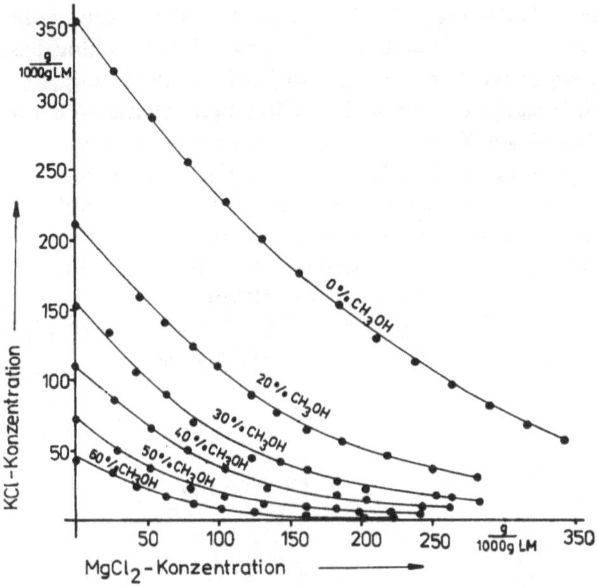

Abb. 20 KCl-Löslichkeiten im System $KCl-MgCl_2-CH_3OH-H_2O$ bei 25 °C für verschiedene Methanolgehalte [18]

Lösungsmittelgemisch, aber nur KCl-Löslichkeiten von etwa 20 g. Ähnlich liegen die Verhältnisse im System $KCl-NaCl-MgCl_2-CH_3OH-H_2O$.

Das Lösungsmittelgemisch Methanol–Wasser ist nach diesen Untersuchungsergebnissen zum Einsatz bei der Carnallititverarbeitung zu diskutieren. Man könnte bereits in einem ersten Arbeitsgang die Trennung des $MgCl_2$ vom KCl nahezu vollständig realisieren. Nach der Lösungsmittelrückgewinnung würde eine $MgCl_2$-Lösung sehr hoher Konzentration anfallen, die ohne weitere Eindampfung versenkbar wäre bzw. einer Weiterverarbeitung zugeführt werden könnte.

3.4. Zur Herstellung chloridfreier Düngemittel

Während für chloridische Kalidüngemittel bereits einige Jahre die Produktionskapazitäten größer waren als die Absatzmöglichkeiten – nicht der Bedarf –, was in den kapitalistischen Kaliindustrien durch Produktionsbeschränkungen ausgeglichen wurde, ist für chloridfreie Düngemittel eine ausgesprochene Angebotslücke zu verzeichnen. Mögliche chloridfreie Düngemittel sind Kaliumphosphate, Kaliumnitrat, Kaliumcarbonat und Kaliumsulfat, wobei es aber für die erstgenannten Salze zur Zeit wenig günstige Herstellungsverfahren gibt, die einen breiten Einsatz dieser Verbindungen als Düngemittel ermöglichen.

Das wichtigste chloridfreie Kalidüngemittel ist nach wie vor Kaliumsulfat. Seine Herstellung erfolgt entweder durch Umsetzung von Kaliumchlorid mit Schwefelsäure oder durch reziproke Umsetzung von Kaliumchlorid mit einem $MgSO_4$-haltigen Rohstoff in wäßriger Lösung. Da billige Schwefelsäure bei uns nicht zur Verfügung steht und die Vorkommen an Kieserit, Kainit oder ähnlichen $MgSO_4$-haltigen Doppelsalzen eine Erweiterung der Kaliumsulfatproduktion nur in bestimmten Fällen zulassen, beschäftigten wir uns mit einer Möglichkeit, die Sulfatgehalte in den Arbeitslösungen der Kalirohsalzverarbeitung durch selektive Fällung von Kalium – Magnesiumsulfaten mit Methanol für eine Kaliumsulfatproduktion auszunutzen [21 bis 23]. Mit diesem Ziel wurden Ausschnitte des hexären Systems Na^+, K^+, Mg^{2+}/Cl^-, $SO_4^{2-}//H_2O-CH_3OH$ im Temperaturbereich von 15 °C bis 35 °C untersucht [24 bis 26].

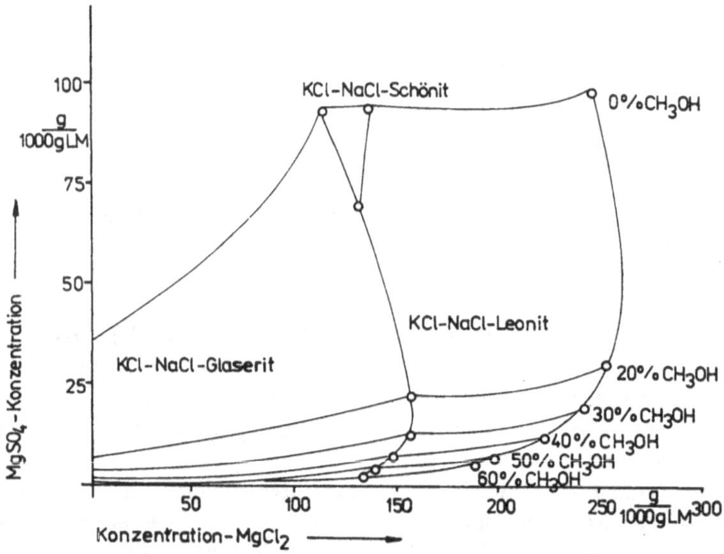

Abb. 21 KCl—Glaserit und KCl—NaCl—Leonit- bzw. Schönit-Sättigungsflächen im System K^+, Na^+, Mg^{2+}/Cl^-, $SO_4^{2-}//CH_3OH-H_2O$ bei 25 °C für verschiedene Lösungsmittelzusammensetzungen

Abbildung 21 enthält einen Überblick bei 25 °C. Grundsätzlich treten die gleichen Bodenkörper wie im wäßrigen System auf. In Abhängigkeit vom Methanolgehalt im Lösungsmittel liegen jedoch die $MgSO_4$-Gleichgewichtskonzentrationen beim Auftreten der sulfatischen Bodenkörper wesentlich niedriger. Ausgesalzen werden auch NaCl und KCl, was in der Abbildung nicht dargestellt werden konnte. Wichtig ist, daß die $MgCl_2$-Konzentrationen an den Viersalzparagenesen NaCl—KCl—Glaserit—Leonit und NaCl—KCl—Leonit—Kainit kaum vom Methanolgehalt im Lösungsmittel abhängig sind. Solche Übersichtsdiagramme wurden für die einzelnen Temperaturen im Resultat der

Untersuchungen der KCl—NaCl-gesättigten Schnittflächen bei konstanten Methanolgehalten von 20, 30, 40, 50, 60% im Lösungsmittelgemisch erhalten. Abbildung 22 zeigt eine solche Schnittfläche bei 25 °C und 20% CH_3OH im Lösungsmittelgemisch. Die Darstellung der KCl- und NaCl-Sättigungskonzentrationen und der Dichten erfolgt wieder über Niveaulinien.

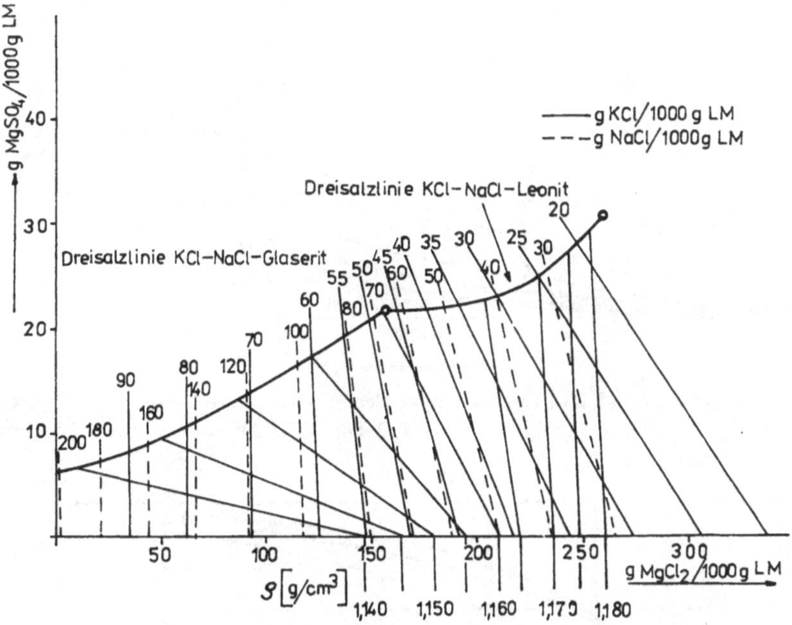

Abb. 22 KCl—NaCl-gesättigte Schnittfläche des Systems K^+, Na^+, Mg^{2+}/Cl^-, SO_4^{2-}// $CH_3OH—H_2O$ bei 25 °C und 20% Methanol im Lösungsmittelgemisch

Das vorliegende Untersuchungsmaterial ermöglicht folgende Aussage: Aus den Arbeits- bzw. Abstoßlösungen der Fabrikbetriebe kann durch Zusatz von Methanol bei Temperaturen über 25 °C Leonit und bei Temperaturen unter 25 °C Schönit in guter Ausbeute ausgesalzen werden. Die Bilanzierung der Aussalzprozesse ist mit Hilfe der vorliegenden Daten durchführbar.

In einem zweiten Schritt muß der ausgeschiedene Leonit oder Schönit mit KCl zu Kaliumsulfat umgesetzt werden. Die bisher gebräuchliche reziproke Umsetzung im wäßrigen Medium läßt SO_4^{2-}- und K^+-Ausbeuten zwischen 70 und 80% zu. Das Lösungsmittelgemisch Methanol—Wasser ermöglicht auch hier eine Verbesserung der Umsetzung.

Wenn wir davon ausgehen, daß die eingesetzten Stoffe NaCl-frei sind, so werden Kenntnisse zum System $2\,KCl + MgSO_4 = K_2SO_4 + MgCl_2/CH_3OH—H_2O$ benötigt.

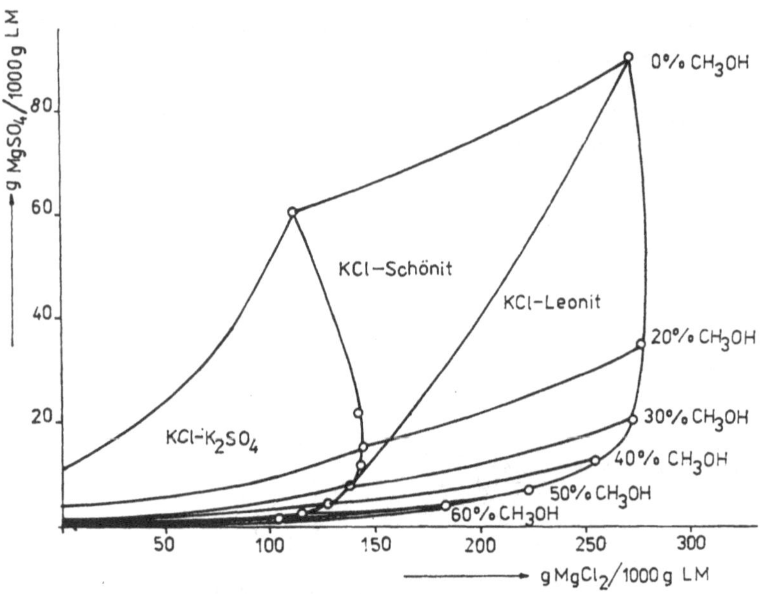

Abb. 23 $KCl-K_2SO_4$ und KCl-Leonit bzw. Schönit-Sättigungsflächen im System $2\ KCl + MgSO_4 = K_2SO_4 + MgCl_2/CH_3OH-H_2O$ bei 25 °C für verschiedene Lösungsmittelzusammensetzungen

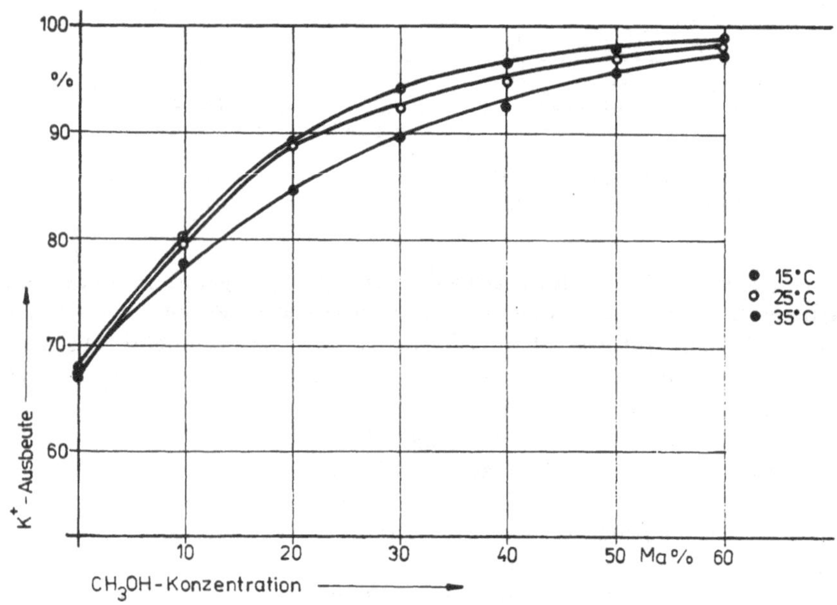

Abb. 24 Abhängigkeit der K^+-Ausbeute von der Lösungsmittelzusammensetzung im System $2\ KCl + MgSO_4 = K_2SO_4 + MgCl_2/CH_3OH-H_2O$ bei verschiedenen Temperaturen

Abbildung 23 zeigt eine mögliche Übersicht zu diesem System bei 25 °C. Die Grundaussagen bezüglich Aussalzverhalten und Bodenkörperparagenesen sind analog denen zum hexären System.

Entsprechend Abbildung 24 sind im Lösungsmittelgemisch Methanol–Wasser bei der reziproken Umsetzung K^+-Ausbeuten nahe 100% möglich. Eine sinnvolle Steigerung der Ausbeuten wird aber nur bis zu Methanolgehalten von 40% im Lösungsmittelgemisch erreicht (etwa 95%). Ähnliche Verhältnisse sind bei den SO_4^{2-}-Ausbeuten zu verzeichnen, die in Abb. 25 dargestellt sind. Auch hier sind nur Methanolgehalte von maximal 40% im Lösungsmittelgemisch effektiv.

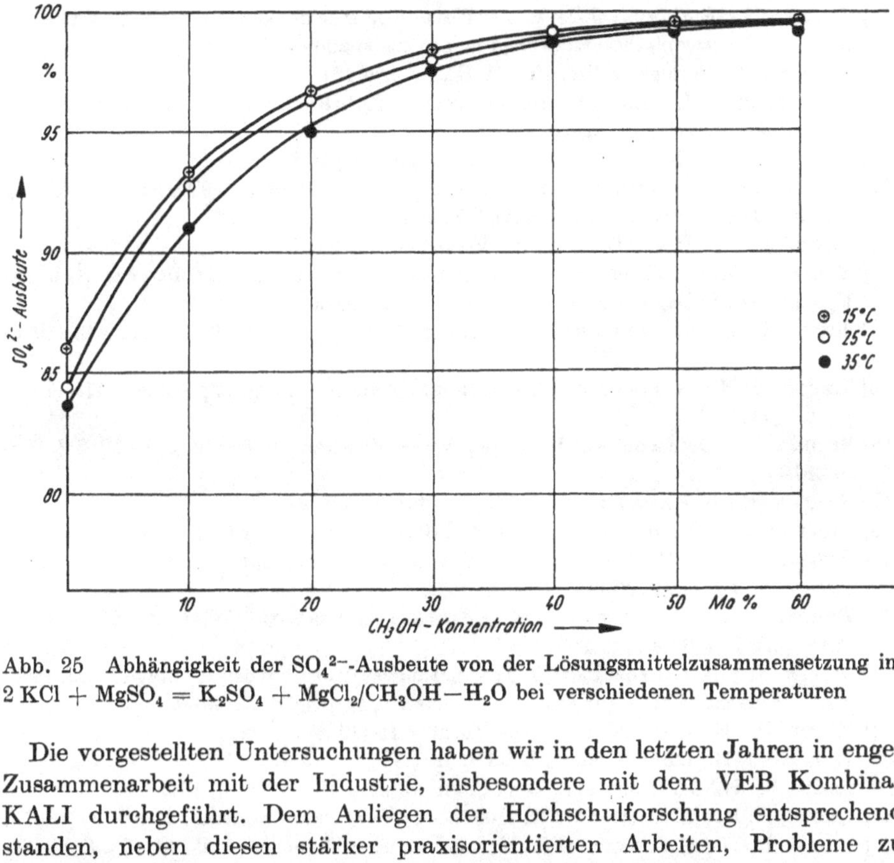

Abb. 25 Abhängigkeit der SO_4^{2-}-Ausbeute von der Lösungsmittelzusammensetzung im $2\,KCl + MgSO_4 = K_2SO_4 + MgCl_2/CH_3OH-H_2O$ bei verschiedenen Temperaturen

Die vorgestellten Untersuchungen haben wir in den letzten Jahren in enger Zusammenarbeit mit der Industrie, insbesondere mit dem VEB Kombinat KALI durchgeführt. Dem Anliegen der Hochschulforschung entsprechend standen, neben diesen stärker praxisorientierten Arbeiten, Probleme zu Struktur-Eigenschafts-Beziehungen konzentrierter Elektrolytlösungen und Salzschmelzen im Blickfeld unserer Betrachtungen.

Dieser Komplex mußte unter diesem Thema unberücksichtigt bleiben. Er wird jedoch mit Sicherheit in der weiteren Entwicklung unter dem Aspekt der praktischen Anwendung der Ergebnisse immer größere Bedeutung gewinnen.

Literatur

[1] Statistisches Jahrbuch der DDR 1978, Staatsverlag der DDR, Berlin 1978.

[2] Dokumente des RGW. Staatsverlag der DDR, Berlin 1971.

[3] Komplexprogramm des RGW in: Sozialistische Außenwirtschaft **21** (1971) 8, S. 2.

[4] Direktive des IX. Parteitages der SED zum Fünfjahrplan für die Entwicklung der Volkswirtschaft der DDR in den Jahren 1976–1980, Dietz Verlag Berlin 1976.

[5] NEITZEL, U.: Kali und Steinsalz, Essen **5** (1971) 10, S. 327.

[6] EMONS, H.-H.: Aus der Arbeit von Plenum und Klassen der AdW der DDR **1** (1976) 3, S. 103.

[7] VAN'T HOFF, J. H.: Zur Bildung der ozeanischen Salzablagerungen (Bd. I u. II), Verlag Vieweg u. Sohn, Braunschweig 1905 u. 1909.

[8] PRECHT, H.; E. COHEN; J. H. VAN'T HOFF: Untersuchungen über die Bildungsverhältnisse der ozeanischen Salzablagerungen insbesondere des Staßfurther Salzlagers, Akademische Verlagsgesellschaft m.b.H., Leipzig 1912.

[9] VAN'T HOFF, J. H. u.a.: Sitzungsberichte der Kgl. Preußischen AdW in den Jahren 1896–1908 (52 Abhandlungen).

[10] VAN'T HOFF, J. H.; W. MEYERHOFFER: Vergleiche [8], S. 10.

[11] MATTHES, F.; G. WEHNER: Anorganisch-technische Verfahren, VEB Deutscher Verlag für Grundstoffindustrie, Leipzig 1964, S. 255.

[12] VAN'T HOFF, J. H.; F. G. DONNAN: Vergleiche [8], S. 57.

[13] VALJAŠKO, M. G.: Geochemische Gesetzmäßigkeiten der Entstehung der Kalisalzlagerstätten, Verlag der Moskauer Universität, Moskau 1962.

[14] EMONS, H.-H.; R. FÖRTSCH; H. HOLLDORF: Zeitschr. anorg. allg. Chem. **413** (1975) S. 27.

[15] EMONS, H.-H.; R. FÖRTSCH; H. HOLLDORF: Zeitschr. anorg. allg. Chem. **413** (1975) S. 85.

[16] SEROWY, F.: Deutsche Akademie der Wissenschaften zu Berlin 1946–1956 (1956) S. 211.

[17] SEROWY, F.; B. KASSNER: Chem. Technik **9** (1957) S. 27.

[18] LIEBMANN, G.; H.-H. EMONS: Wiss. Z. TH Leuna-Merseburg **17** (1975) 3, S. 553.

[19] EMONS, H.-H.; W. FALKENBERG; B. HAHNE; H. HOLLDORF; H.-H. SEYFARTH: Kristall und Technik **10** (1975) 12, S. 1221.

[20] EMONS, H.-H.; G. LIEBMANN; E. SCHARECK; G. SCHULZE: Wiss. Z. TH Leuna-Merseburg **18** (1976) 2, S. 269.

[21] HOPPE, H.; H. SCHERZBERG: 3. Internationales Kalisymposium, Magdeburg 1965, VEB Deutscher Verlag für Grundstoffindustrie, Leipzig 1967, S. 80.

[22] HOPPE, H.; H. SCHERZBERG: Chem. Technik **18** (1966) S. 262.

[23] HOPPE, H.; H. SCHERZBERG: DDR-Patent (WP) 34115, 57594.

[24] EMONS, H.-H.; H. HOLLDORF: Rev. Chim. minérale **11** (1974) S. 167.

[25] EMONS, H.-H.; E. SCHARECK; H. HOLLDORF: Rev. Chim. minérale **11** (1974) S. 277.

[26] EMONS, H.-H.; E. SCHARECK; H. HOLLDORF: Rev. Chim. minérale **11** (1974) S. 428.

ISSN 0138—3956

FSC
www.fsc.org
MIX
Papier | Fördert gute Waldnutzung
FSC® C083411

Zeitfracht Medien GmbH
Ferdinand-Jühlke-Straße 7
99095 Erfurt, Deutschland
produktsicherheit@kolibri360.de